ぷちマンガでわかる 相対性理論

新田 英雄／監修　山本 将史／著　高津 ケイタ／作画　トレンド・プロ／制作

Ohmsha

本書は、2009 年 6 月発行の『マンガでわかる相対性理論』を、判型を変えて出版するものです。

本書に掲載されている会社名・製品名は、一般に各社の登録商標または商標です。

本書を発行するにあたって、内容に誤りのないようできる限りの注意を払いましたが、本書の内容を適用した結果生じたこと、また、適用できなかった結果について、著者、出版社とも一切の責任を負いませんのでご了承ください。

本書は、「著作権法」によって、著作権等の権利が保護されている著作物です。本書の複製権・翻訳権・上映権・譲渡権・公衆送信権（送信可能化権を含む）は著作権者が保有しています．本書の全部または一部につき、無断で転載、複写複製、電子的装置への入力等をされると、著作権等の権利侵害となる場合があります。また、代行業者等の第三者によるスキャンやデジタル化は、たとえ個人や家庭内での利用であっても著作権法上認められておりませんので、ご注意ください。

本書の無断複写は、著作権法上の制限事項を除き、禁じられています。本書の複写複製を希望される場合は、そのつど事前に下記へ連絡して許諾を得てください。

(社)出版者著作権管理機構
(電話 03-3513-6969, FAX 03-3513-6979, e-mail : info@jcopy.or.jp)

JCOPY ＜(社)出版者著作権管理機構 委託出版物＞

まえがき

　相対性理論の世界へ、ようこそ！！
　皆さんは相対性理論って、どんなものだと思っていますか？
　時間の進み方が遅れたり、物体の長さが縮んだりと普通に生活していると信じられないような現象を予言する相対性理論は不思議な魔法のように見られていると思います。
　しかし相対性理論は、量子力学とともに現代物理を成り立たせる非常に重要な考え方で、物理的な世界を理解するに欠かせないものです。
　ニュートン以来、運動速度が光速度に比べて非常に小さい場合、運動を考える際の物差し、つまり、空間と時間は各々独立で永遠不滅な絶対のものと考えることに何の問題もありませんでした。
　しかし、19 世紀終わりに、光速度の測定精度が上がり、かつ電磁気学の進歩により光速度が常に一定であることがわかってくると、今まで絶対と考えられてきた空間や時間を考え直さなければならなくなりました。
　そこでアインシュタインの登場です。
　アインシュタインは、空間や時間が絶対であるという考え方を捨て、光速度が一定であるように空間と時間が一緒に変化すると考えたのです。
　これは、地動説と天動説の論争にも似ています。つまり地上で普通に生活している人間からすれば、天が回っているほうがずっと信じられます。これは運動速度が光速度に比べて非常に小さい場合に相当します。しかし、一度宇宙に出れば、地球が動いていることは一目瞭然です。こちらは運動速度が光速度に近い場合に相当します。
　このように相対性理論は、我々が住んでいる時空に対する考えを、以前より正確な理解を与えてくれたのです。つまり、時空がこうあるべき、ではなく、時空はどうなっているのか？を追求した結果が相対性理論なのです。
　少し難しいまえがきになってしまいましたが、皆木くんと浦賀先生と一緒にマンガの世界で、この相対性理論の不思議を楽しんでくだされば幸いです。
　最後に、オーム社開発局の皆さん、シナリオで苦労された re_akino さん、本当に面白いマンガにしてくださった高津ケイタさんに深く感謝いたします。
　では、相対性理論の世界へジャンプしましょう。

2009 年 6 月

山 本 将 史

目次

| プロローグ | とんでもない終業式 | 1 |

| 第1章 | 相対性理論ってどんなもの？ | 9 |

1. 相対性理論とは……………………………………………………………… 14
2. ガリレイの相対性原理とニュートン力学…………………………………… 17
3. 光速度の謎…………………………………………………………………… 23
4. ニュートン力学を捨てたアインシュタイン………………………………… 34

フォローアップ ………………………………………………………………… **40**

光とは………………………………………………………………………… 40
毎日検証される「光速度一定の原理」（SPring-8）……………………… 44
同時が同時でないって！？（同時性の不一致）………………………… 44
ガリレイの相対性原理とガリレイ変換……………………………………… 48
ガリレイの相対性原理とアインシュタインの特殊相対性原理の違い……… 49
Column　速度の加算はどうなる？………………………………………… 50

第 2 章　時間が遅れるってどういうこと？　53

1. ウラシマ効果 ·· 56
2. どうして時間が遅れるの？ ·· 58
3. 時間の遅れもお互い様 ·· 66
4. 時間の遅れを式で見る ·· 75

フォローアップ ·· 80

　時間の遅れの式を三平方の定理を使って証明します ································ 80
　Column　どのくらい時間は遅れるの？ ··· 83

第 3 章　速く動くと短くなって重くなる？　85

1. 速く動くと長さが縮む？ ··· 88
2. 速く動くと重くなる？ ·· 94

フォローアップ ·· 108

　長さの縮みを式で見る（ローレンツ収縮） ·· 108
　寿命ののびるミューオン ··· 110
　動いているときの質量 ·· 111
　エネルギーと質量の関係 ·· 114
　光は質量ゼロ？ ··· 115

| 第 4 章 | 一般相対性理論ってどんなもの？ | 117 |

1. 等価原理 ……………………………………………………………… 122

2. 重力によって曲がる光 ………………………………………………… 135

3. 重力によって遅れる時間 ……………………………………………… 145

4. 相対性理論と宇宙 ……………………………………………………… 151

フォローアップ ……………………………………………………………… 160

　一般相対性理論での時間の遅れ ………………………………………… 160

　一般相対性理論での重力の正体 ………………………………………… 165

　一般相対性理論から導かれる現象 ……………………………………… 165

　GPS と相対性理論 ………………………………………………………… 169

索引 …………………………………………………………………………… 178

とんでもない終業式

相対性理論って
どんなもの？

第 1 章 相対性理論ってどんなもの？

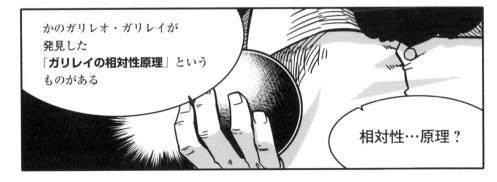

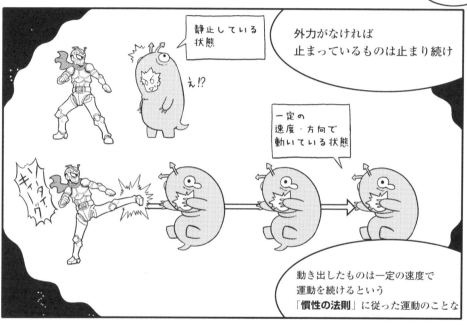

3. 光速度の謎

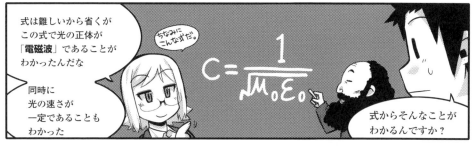

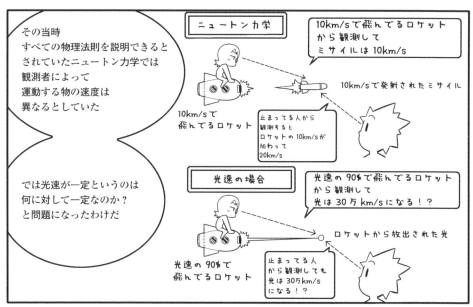

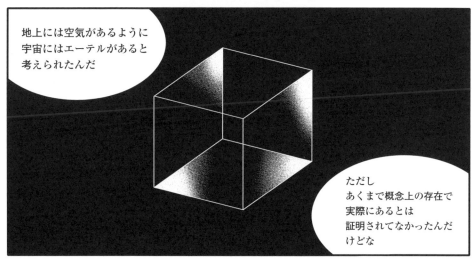

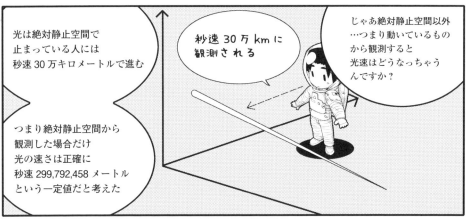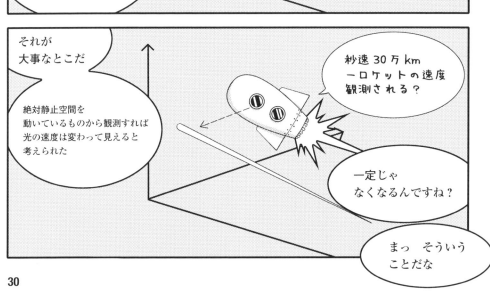

4. ニュートン力学を捨てたアインシュタイン

そこでかの有名な
アインシュタインの登場！

おぉ～！
ついにですね！

アインシュタインは
光速度一定という
実験結果を原理として
取り入れた

つまり
ガリレイの相対性原理
にもとづく
ニュートン力学の考え方を捨て

誰から見ても
光速度は一定だと
いうことを
前提にしたわけ

発想の転換
ですね！

さらに慣性系においては
光を含めた
すべての物理法則が
同様に成り立つという
ガリレイの相対性原理に代わる
新たな相対性原理を
仮定したんだ

これが
アインシュタインの
「特殊相対性原理」！

第1章 相対性理論ってどんなもの？

光とは

マクスウェル方程式から光が電磁波の一種であることがわかりましたが、それ以外にも光は色々な性質、特徴があります。光は電磁波という波で、光の色は波の波長(もしくは波長の逆数である振動数)で決まります。赤は波長が長く(約 630nm〈ナノメートル = 10^{-9}m〉)、逆に青は波長が短い(約 400nm)です。

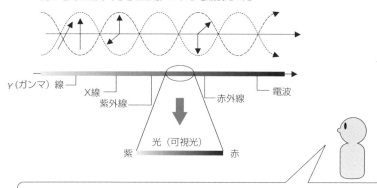

電場と磁場が振動しながら伝わる電磁波は、波長(山から山、谷から谷までの長さ)により電波から、赤外線、光(可視光)、紫外線、X線、γ(ガンマ)線と分類されます。
ふつう光というと可視光を指しますが、上の分類から光は電磁波の一種であることがわかります。

◆ 図 1.1 光は電磁波

光は身の回りにある、ありふれた存在ですが、その正体は現代物理を代表する「相対性理論」と「量子論」の両方に深く関わっています。
でも、その前に、以前から知られている光の性質を紹介します。
まず、昔から光の性質として鏡や水面での反射はよく知られていました。たとえばお

風呂の中で足が浮き上がるように見える屈折も良く知られていますね。その光が屈折する場合、光の波長によって屈折角が異なるという「分散」という性質があります。

この分散という性質のため、虹の七色が見えます。また、これらの反射・屈折・分散という性質をうまく使って作られているのが精密なカメラレンズなどです。

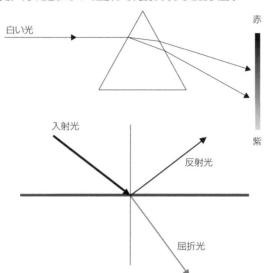

◆ 図 1.2　分散、反射、屈折

次に、光が波である性質から、光の「干渉」と「回折」という現象が見られます。「干渉」とは、光の波の振幅の山と谷の関係から、強め合ったり、弱めたりする現象です。

光は波で「干渉」すると

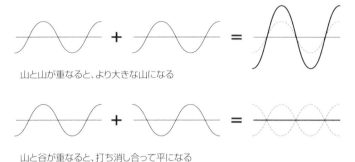

山と山が重なると、より大きな山になる

山と谷が重なると、打ち消し合って平になる

◆ 図1.3　干渉

　一方、「回折」とは光が波長くらいの小さな幅のスリットや穴を通るときにその穴（開口）を周り込んで光が広がる現象です。逆に回折は光をレンズなどで集光するときに無限に小さくできない原因でもあります。

回折：回折とは光が小さな穴を通るときにその穴（開口）を周り込んで光が広がる現象

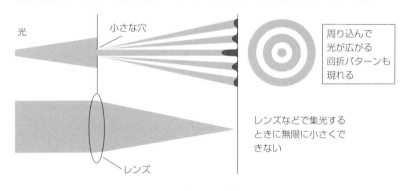

◆ 図1.4　回折

　そしてもうひとつ、光が波の中でも進行方向と垂直に振動する波，つまり「横波」であることから「偏光」という性質を持ちます。

偏光：光が横波で電場と磁場の振動する方向により、光の強さが変わることから、
　　　その振動方向だけ通すフィルター（偏光フィルター）を使って、光の強さを変える

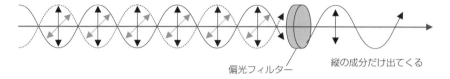

◆ 図 1.5　偏光

　また、もうひとつ、「散乱」という性質もあります。散乱とは、光が空気中のチリなどにぶつかって、光の進行方向が変わる現象です。太陽から来る光の中でも波長の短い青が波長の長い赤い光より強く散乱されているため，空全体が青く見えるのです。

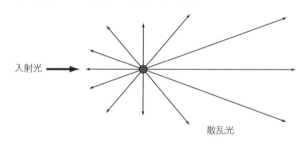

◆ 図 1.6　散乱

光とは身の回りに溢れるありふれた存在ですが、色々な場面で活躍しています。

毎日検証される「光速度一定の原理」(SPring-8)

相対性理論の2つの前提のひとつである「光速度一定の原理」が本当に成り立っているかについては、さまざまな検証が行われています。そしてそのうちのひとつに、光速に近い速度で進む電子から放射される光の速さの測定があります。SPring-8とは、兵庫県にある放射光施設（光を作り出す工場：フォトンファクトリー）です。放射光施設とは電子を光速度近く（光速度の99.9999998％）まで加速して、非常に強力な光をつくり出す装置です。そこでは、毎日光速度に近い電子が光を放射していますが、放射された光の速度は光速度の1.999999998倍ではなく、まさに光速度なのです。

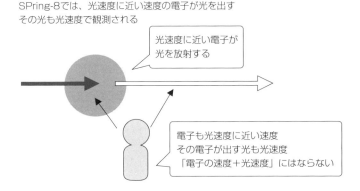

◆ 図1.7 SPring-8での光速度一定の検証

同時が同時でないって!?（同時性の不一致）

「光速度一定の原理」を考えると、さまざまな現象が不思議に見えてきます。そのひとつに、私の同時があなたの同時とは同じではない、という「同時性の不一致」という現象があります。何を言ってるの？ という声が聞こえてきますね。では、「同時」ということをもう一度、考えてみましょう。

そこでこの不思議な現象を見るために、「ニュートン的速度の足し算（昔からの非相対性理論的足し算）」の場合と「光速度一定（速度が相対性理論的足し算）」の場合を見比べます。

宇宙ステーションから観察して、一定の速度で飛んでいるロケットに乗っている A 君と、その A 君を止まっている宇宙ステーションから観察する B 君を考えます。

　A 君はロケットの中央にいるとします。ロケットの船首と船尾にセンサをおきます。A 君が船首と船尾に向けてボールを投げ、または光を出します。そのボールまたは光がロケットの船首と船尾のセンサにどのように入るかを観察します。

■「ニュートン的速度の足し算」（昔からの非相対性理論的足し算）の場合

　まず、速度が普通に足し算される場合を観察します。つまり、相対性理論を考える前の、ニュートン的に速度が足される場合をボールの動きで考えます。

昔からの非相対性理論的足し算の場合、A君がロケット内でボールの動きを観察すると

昔からの非相対性理論的足し算の場合、B君が宇宙ステーションからロケット内のボールの動きを観察すると、ボールはロケットと一緒に運動しているので、船首方向へはボールの速度がロケットの速度分加算、船尾方向へは減速されるので、「同時」に届く（矢印の長さでボールの速度の違いを示した）

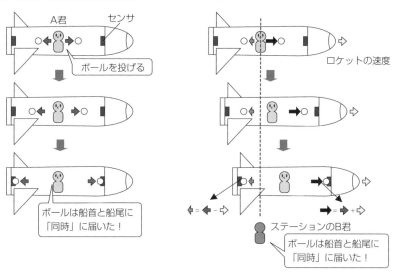

◆ 図 1.8　ニュートン的速度の足し算

図1.8のようにまず、A君について観察します。

A君にとっては、ロケットは動いていないので、ボールは中央から同じ速度で船首、船尾のセンサへ向かい、「同時」にボールはセンサに到着します。

次にステーションのB君から観察すると、ロケットは進行方向に少しずつ進みます。つまりボールが出た点（点線）を基準にすると船首はどんどん前方に進み（離れ）、船尾はどんどん点線に近づきます。しかし、ボールの速度は通常の足し算で前方にはロケットの速度が加算され、速度が大きくなり、逃げていく船首に追い付きます（図1.9参照）。一方、船尾に向かうボールの速度は、ロケットの速度分だけ減速され（図では短い矢印で示しています）、追い掛けてくる船尾にゆっくり到達します。これにより、B君にとってもボールは「同時」に船首と船尾に届いたと観察されます。

昔からの非相対性理論的足し算の場合、ボールはロケットと一緒に運動しているので、船首方向へは新しいボールの速度がロケットの速度＋元のボール速度、船尾方向へは新しいボールの速度がロケットの速度－元のボール速度、なので「同時」に届く（矢印の長さでボール速度の違いを示した）

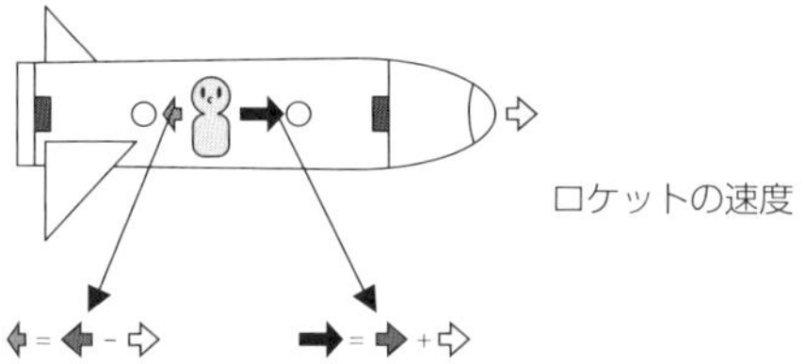

◆ 図1.9　昔からの非相対性理論的足し算

■「光速度一定の原理」(速度が相対性理論的足し算) の場合

今度は「光速度が一定」の場合を考えます。

光速度一定の場合、A君がロケット内で光の動きを観察すると

光速度一定の場合、B君が宇宙ステーションからロケット内の光の動きを観察すると、光は一定の速度で運動しているので、船首にはなかなか届かず、船尾には先に届く

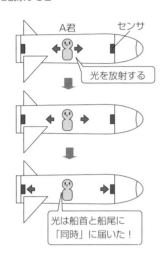
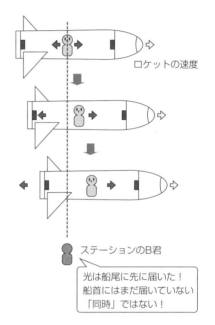

◆ 図1.10 「光速度一定の原理」(速度が相対性理論的足し算) の場合

もうお気付きかもしれませんが、B君の観察結果が変わります。

A君の場合は、光速度一定の場合でも、光は船首と船尾に「同時」に届きます。

しかし、B君から観察すると、光速度は一定なので、船首に向かった光は船首が逃げて行く分を追い掛けるのでなかなか到達できません。また、船尾に向かった光は、船尾が追い付いてくるので、船首に比べると先に船尾に到達します。

そうです。B君から観察すると、光は船首と船尾に「同時」には到達しないのです。

このように観察する人の立場によって、「同時」という現象が異なるのです。このことを「同時性の不一致」と呼びます。

第1章 相対性理論ってどんなもの？ 47

ガリレイの相対性原理とガリレイ変換

　ガリレイの相対性原理とは、『観察する座標系が静止しているか、一定の速度で運動しているかにかかわらず、物理法則は同じである』ということです。このガリレオの時代の場合、物理法則とは運動つまりニュートン力学のことでしたら、『観察する座標系が静止しているか、一定の速度で運動しているかにかかわらず、運動は同じである』と言うことになります。これは、当時の船のマストからの鉄球の落下実験から導き出されます。つまり、船が動いていようが、止まっていようが、マストから落とした鉄球はマストの真下に落ちる事実から、確認できます。

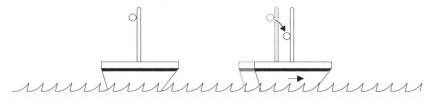

実際は船の動きと一緒にボールも移動するので、真下に落ちる

◆ 図 1.11　ガリレイの相対性原理

　そこで、ガリレオはこの相対性原理が成り立つ座標系同士はどのような関係であるか？　を考え、以下のような座標系間の関係を見つけました。これを「ガリレイ変換」と呼びます。ここで、ダッシュ（′）のついたほうが、静止座標系から観察した座標とします。

$$x' = x - vt \qquad t' = t$$

　静止座標系に対して、一定の速度 v で運動している座標系と静止座標系との間の座標間の関係が上の式です。

　さて、このように慣性系同士はガリレイ変換でお互いに結ばれているのですが、ニュートンの運動方程式と比べると、ガリレイ変換で結ばれる慣性系同士では、ニュートンの運動方程式が同じ形になることが証明できます。つまり、ガリレイの相対性原理が成り立つ場合は、ニュートン力学が成立する状況であることになります。

ガリレイの相対性原理とアインシュタインの特殊相対性原理の違い

　ガリレイの相対性原理は前記のように、ガリレイ変換と結び付けられニュートン力学が成り立つことを示しています。ところが、後から出て来た電磁気学のマクスウェル方程式はガリレイ変換を行うと方程式の形が変わってしまい、物理学者は混乱していました。そこでアインシュタインは、ニュートン力学が成り立つガリレイ変換ではなく、電磁気学のマクスウェル方程式も成り立つ新しい変換（ローレンツ変換）が、相対性原理を成り立たせるために必要と考えたのです。

　ローレンツ変換とは、以下の式です。ここで、先ほどのガリレイ変換と同様に、ダッシュ（'）のついたほうが、静止座標系から観察した座標です。つまり静止座標系に対して、速度 v で運動している座標系と静止座標系との間の座標間の関係です。ここに光速 c が入っています。そして、もうひとつのポイントは、時間 t も長さと似た形で変換されるということです。時間は単独で存在するのではなく、空間と一緒に考えなくてはならないのです。

$$x' = \frac{x - vt}{\sqrt{1 - \left(\dfrac{v}{c}\right)^2}}$$

$$t' = \frac{t - \dfrac{v}{c^2}x}{\sqrt{1 - \left(\dfrac{v}{c}\right)^2}}$$

Column 速度の加算はどうなる？

「光速度一定の原理」を考えると、速度の加算はどうなるのでしょうか？

相対性理論によると「ローレンツ変換」をもとに計算すると、速度の加算は以下のような式になります。

$$w = \frac{u+v}{1+\frac{vu}{c^2}}$$

これはロケットの速度を v、ロケットから発射されたミサイルの速度（ロケットから観察した）を u としたとき、2つの速度を足し算した結果の速度 w がこのようになると言うことです。通常の足し算（非相対性理論的）の式 $w = u + v$ と比べると、違いがわかります。

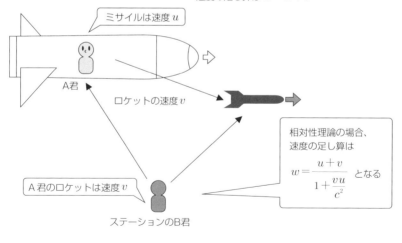

◆ 図 1.12　速度の加算

前記の式に具体的な速度を入れてみると面白いことがわかります。
　たとえば、ロケットの速度 v が光速度の50％、ロケットから観察するミサイルの速度 u が光速度の50％の場合、B君から観察するミサイルの速度 w は
$u = 0.5\,c,\, v = 0.5\,c$ として

$$w = \frac{(0.5c + 0.5c)}{\left(1 + \frac{(0.5c)^2}{c^2}\right)} = \frac{c}{1.25} = 0.8c$$

となって光速度の80％になります。そしてもし、ロケットの速度 v が光速度の100％（実際には $v = c$ となるのはロケットのような質量のある物体では不可能ですが）、ロケットから観察するミサイルの速度 u が光速度の100％の場合、B君から観察するミサイルの速度 w は
$v = c,\ u = c$ として

$$w = \frac{(c + c)}{\left(1 + \frac{c^2}{c^2}\right)} = \frac{2c}{2} = c$$

となって光速度になります。相対性理論では、どんな場合でも光速度を超えることはできないのです。

時間が遅れるって どういうこと？

1. ウラシマ効果

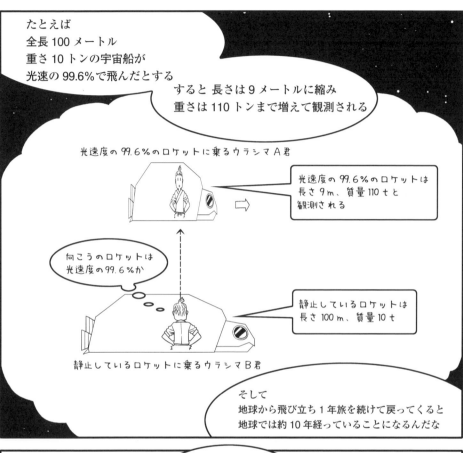

2. どうして時間が遅れるの？

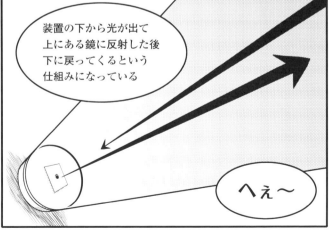

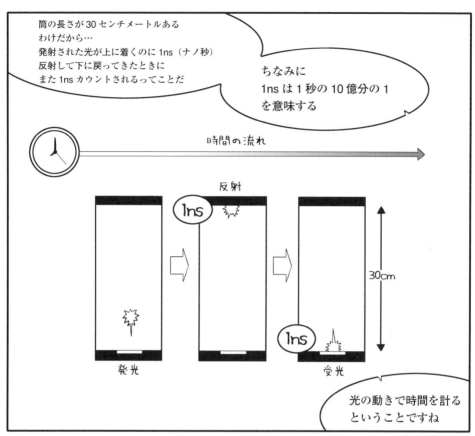

第 2 章 時間が遅れるってどういうこと？

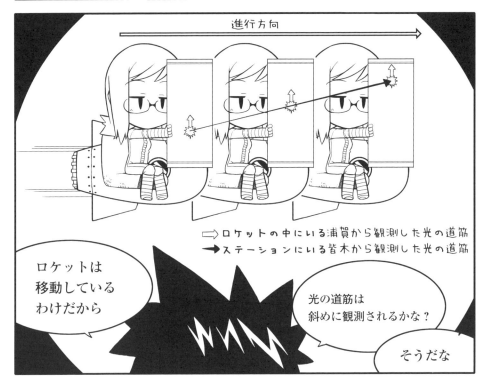

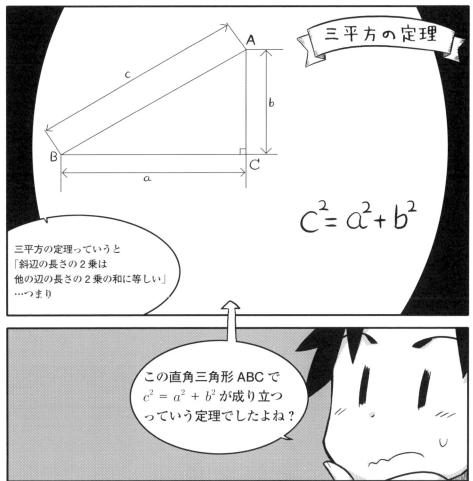

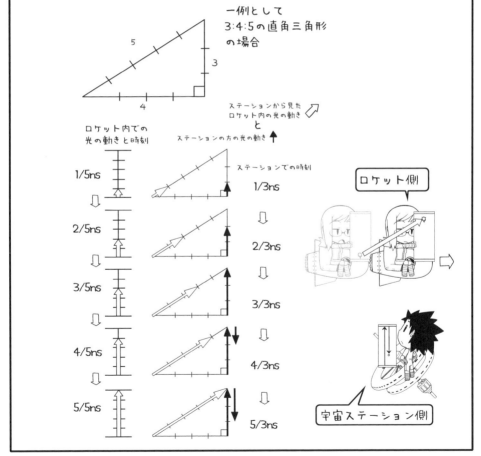

3. 時間の遅れもお互い様

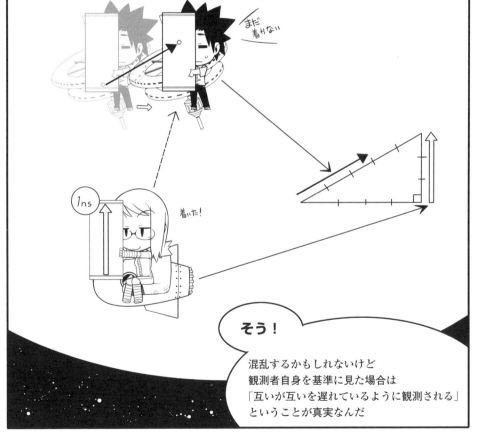

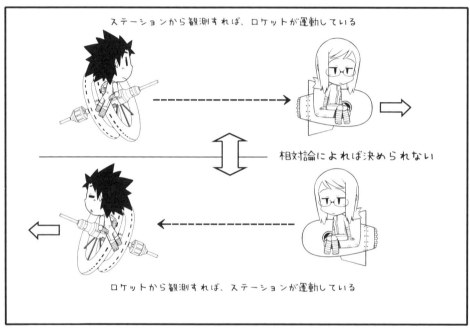

わかりやすくするため
こんなロケットを
用意してみた

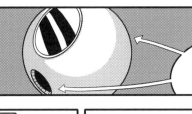

真ん丸で
前後両方に
噴出口がある

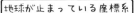
地球が止まっている座標系

  速度

一定の速度で運動しているとき（慣性運動）

反転して減速のためにロケットをふかす（加速度運動）

 速度が0になる

反転して減速したために速度が0になる（加速度運動）

 帰りの方向に
少し速度が出る

帰りのための一定の速度に達したので
ロケットをふかすのを止めたとき
（慣性運動）

地球に戻るために
折り返しているとき

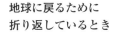

ロケット内の姉は
自分が減速・加速している
と思う代わりに
強い重力を受けていると感じる

実際ロケットは
減速・加速して
折り返している
わけですしね

そして姉は地球が
その重力で折り返している
つまり自分に向かって
落ちてきていると観測する

姉からは
地球のほうが落ちてきている
と観測されるんですね

4. 時間の遅れを式で見る

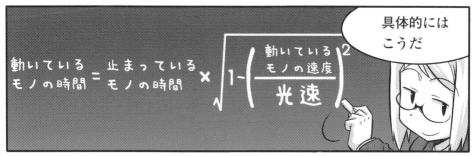

第 2 章 時間が遅れるってどういうこと？

時間の遅れの式を三平方の定理を使って証明します

　相対性理論によると、光速度に近い速度で運動している物体での時間が遅れることがわかりましたが、ではどのくらい遅れるのでしょうか？

　少し数式を使って考えてみます。先ほどの三平方の定理を使ったときは、特定の三角形を考えました。それを、式を使って考えます。

　図のように t をステーション君がロケットの光時計を観測する時間、t' をロケット君がロケットの光時計を観測する時間とします。

　　　t：ステーション君側の時間
　　　t'：ロケット君側の時間

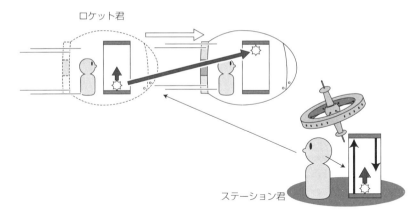

◆ 図2.1　ロケット君とステーション君

　ロケット君は自分の光時計を観測するとき、光時計と一緒にロケット君も動いているので、単に光は上下するだけです。そこで光速度を c とすれば、光時計の高さを進むと ct' の長さになります。

　今度はステーション君から、同じくロケットの光時計での光の動きを観測すると、光はロケットの動きに従い、斜め上に向かってやはり光速度 c で動きます。そして、その

斜めの線をロケットの光時計の鏡（上にある）に向かっていきます。その距離はステーション君の時間 t で測って、ct になります。同様にステーション君から見て、ロケットの光時計の下（発光部）はロケットの速度 v で横に動きますから、光が上に着くまでの時間 t で右へ vt だけ移動します。

これで三角形の各辺が決まります。

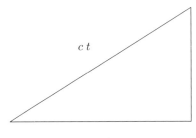

そして、三平方の定理から

$$c^2 t^2 = c^2 t'^2 + v^2 t^2$$

となります。

v の2乗の項を左辺に移項して

$$(c^2 - v^2) t^2 = c^2 t'^2$$

左右を入れ替えると

$$c^2 t'^2 = (c^2 - v^2) t^2$$

となります。

そして、c の2乗で割ると

$$t'^2 = \frac{(c^2 - v^2)}{c^2} t^2 = \left(1 - \frac{v^2}{c^2}\right) t^2$$

となります。両辺の平方根を取って、＋（プラス）のほうを取れば

$$t' = \sqrt{1 - \frac{v^2}{c^2}}\ t$$

です。

これが、ロケット君の時間 t' とステーション君の時間 t の関係です。

$\sqrt{1-\dfrac{v^2}{c^2}} < 1$ ですので、 $t' < t$ となります。

つまり、ロケット君のほう（t'）が、ステーション君（t）に比べて時間が進まない、時間がゆっくり進む、ということがわかります。

また、$\sqrt{1-\dfrac{v^2}{c^2}}$ の項を考えれば、v が c に近づくほど、この時間の遅れの効果が大きいこともわかります。

このように式を使って考えるのは、特定の三角形での関係だけでなく、色々な三角形での関係を調べることができるからです。そして、その式から結果を予想することができるのが最大の目的です。

Column　どのくらい時間は遅れるの？

運動している物体では時間が遅れることがわかりましたが、具体的には、どの程度遅れるのでしょうか？

宇宙旅行をすることを例に計算してみましょう。

時間の遅れは運動する物体の速度に関係します。

つまり、運動する物体の速度が光速度に近いほど、時間の遅れの効果が大きくなります。

宇宙旅行で目指すべき一番太陽から近い恒星を行き先に考えましょう。というのも、太陽系内なら現在の技術でも、数年単位程度と時間をかければ、火星や金星なら行くことができますから。

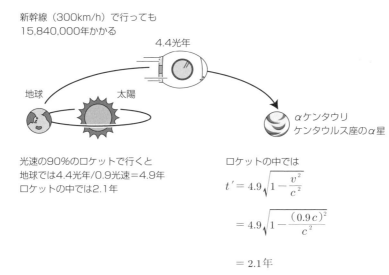

◆ 図2.2　αケンタウリへの旅

さて、地球（太陽）から一番近い恒星は4.4光年離れたαケンタウリ（ケンタウルス座のα星）です。光年とは宇宙最速の光が1年間進む距離で約9兆4,608億km（300,000〔km/s〕× 60 × 60 × 24 × 365）です。この4.4光年を新幹線（時速300km）で走ると、なんと15,840,000年かかります。そんな遠いαケンタウリに光速度の90％で飛行すると、宇宙船では片道2.1年経つことになります。地球では4.9

年経っているのに！　です。

　よって、地球から宇宙飛行士を送り出して、彼らがとんぼ返りで帰ってきても、地球では約10年後に宇宙飛行士を迎えるのに、彼らはたった4.2年しか歳をとっていないことになります。

　このような相対性理論的時間の遅れという状況は、より速く運動するともっと大きくなります。

　それを実感するために、宇宙では、太陽がある天の川銀河系から、お隣の銀河系であるアンドロメダ銀河系（M31）まで旅行することを考えてみましょう。

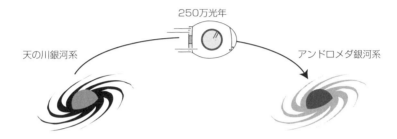

光速の99.999999999%のロケットで往復すると
地球では500万年
ロケットでは22.4年

◆ 図2.3　アンドロメダ銀河系への旅

　アンドロメダ銀河系は、冬の晴れて暗い空のアンドロメダ座にある、ぼーっと淡く見える我々の天の川銀河系の外にある星雲です。アンドロメダ銀河系は約250万光年の彼方にあります。よく言われることですが、今我々が見るアンドロメダ銀河系は250万年前の姿で、この地球と同じ時刻にという意味での今、アンドロメダ銀河系で爆発があっても、250万年後でないと、その事実を知ることはできません。そうです。光が地球に届くまで250万年かかるからです。そのアンドロメダ銀河系に光速度の99.999999999%で飛行すると、宇宙船では片道11.2年経つのに、地球では250万年経っています。ですので、宇宙船が戻ってきたら、宇宙飛行士は22.4歳、歳をとっていますが、地球では500万年後の人々が出迎えることになります。

速く動くと短くなって重くなる？

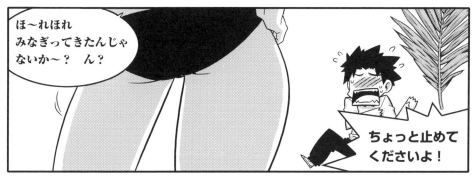

1. 速く動くと長さが縮む？

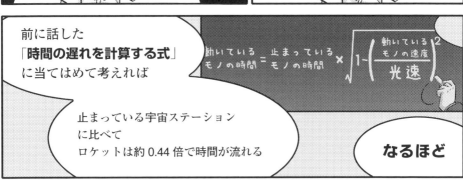

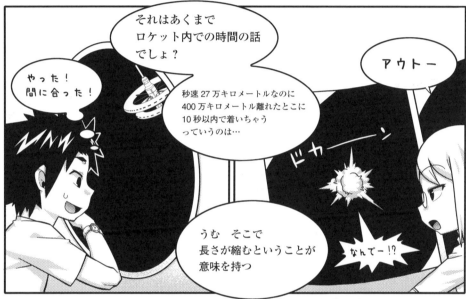

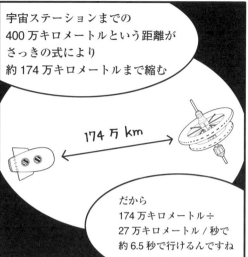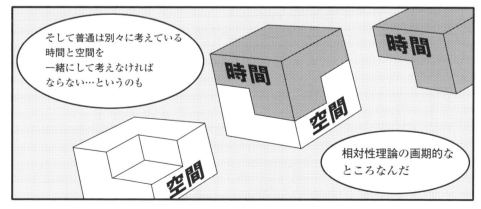

2. 速く動くと重くなる？

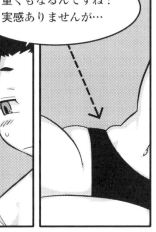

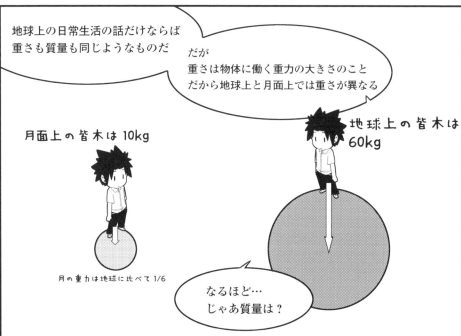

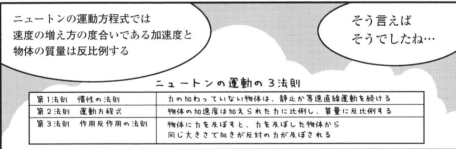

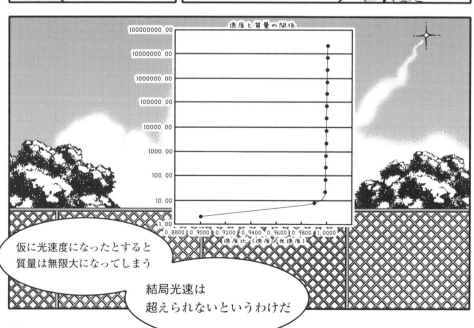

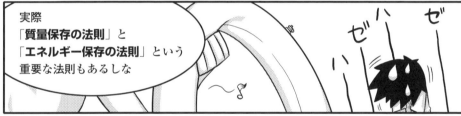

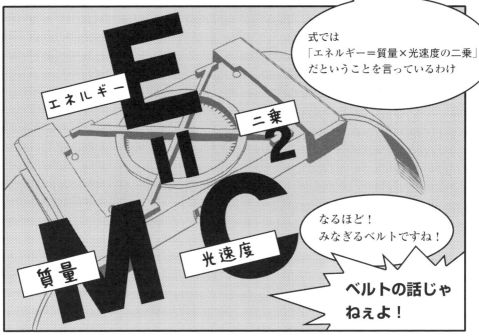

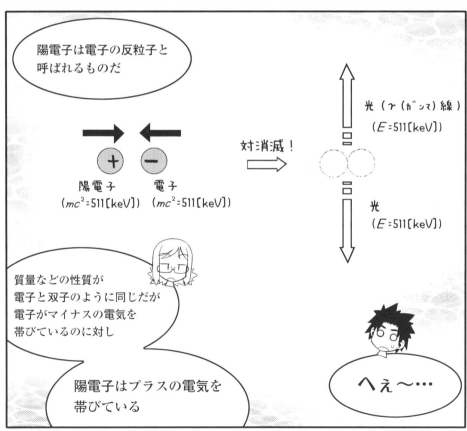

#

第3章 速く動くと短くなって重くなる？

長さの縮みを式で見る(ローレンツ収縮)

長さの縮みを式で見てみましょう。
この場合、以下のように、ロケットが速度 v の一定速度で飛んでいるとします。

ロケットのA君は止まっていると思う

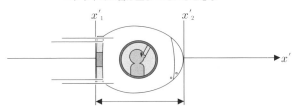

◆ 図3.1 ロケットに乗っている人が、ロケットの先端と後端の位置を測る

ロケットに乗っている人が、ロケットの先端と後端の位置を測ると、先端は x'_2、後端は x'_1 となります。
よってロケットの長さは、$l_0 = x'_2 - x'_1$ となります。
さて、この状況をロケットの外(たとえば、宇宙ステーション)から観測すると、

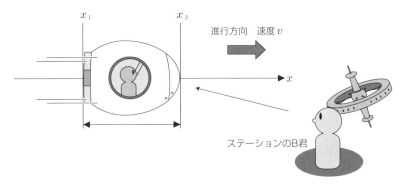

◆ 図3.2 ステーションから見ると

これを49ページのフォローアップで説明したローレンツ変換で解いてみます。

ローレンツ変換　$x' = \dfrac{x - vt}{\sqrt{1 - \left(\dfrac{v}{c}\right)^2}}$　を使って

$$x'_1 = \dfrac{x_1 - vt_1}{\sqrt{1 - \left(\dfrac{v}{c}\right)^2}}$$

$$x'_2 = \dfrac{x_2 - vt_2}{\sqrt{1 - \left(\dfrac{v}{c}\right)^2}}$$

となります。

ここで、ロケットの外から観測したロケットの長さを $l = x_2 - x_1$ とすると、

$$l_0 = x'_2 - x'_1 = \dfrac{x_2 - vt_2}{\sqrt{1 - \left(\dfrac{v}{c}\right)^2}} - \dfrac{x_1 - vt_1}{\sqrt{1 - \left(\dfrac{v}{c}\right)^2}} = \dfrac{(x_2 - x_1) - (t_2 - t_1)v}{\sqrt{1 - \left(\dfrac{v}{c}\right)^2}}$$

同時に測るのですから、$t_2 = t_1$ より、$t_1 - t_2 = 0$ となり、

$$l_0 = \dfrac{(x_2 - x_1) - (t_2 - t_1)v}{\sqrt{1 - \left(\dfrac{v}{c}\right)^2}} = \dfrac{(x_2 - x_1)}{\sqrt{1 - \left(\dfrac{v}{c}\right)^2}} = \dfrac{l}{\sqrt{1 - \left(\dfrac{v}{c}\right)^2}}$$

となります。

よって

$l = l_0 \sqrt{1 - \left(\dfrac{v}{c}\right)^2}$ となり、$\sqrt{1 - \left(\dfrac{v}{c}\right)^2} < 1$ なので $l < l_0$ となります。

第3章　速く動くと短くなって重くなる？

寿命ののびるミューオン

　時間がのびたり、長さが縮んだりする話は、机上の空論ではありません。実は毎日、時間の遅れが観測されているのです。

　毎日、地球には、宇宙からたくさんの宇宙線が降り注いでいます。宇宙線とは、エネルギーの大きな素粒子です。それらの宇宙線が地球の大気の上のほうで、空気の分子と衝突すると、ある確率でミューオンが発生することがわかっています。ミューオンとは素粒子の一種で電子に似た素粒子です。そのミューオンの寿命は、静止している地上の実験室では約100万分の2秒程度です。ですから地上から数十〜数百kmの大気の上層でミューオンが発生した場合、ミューオンが光速度に限りなく近い速さで飛んでくるとしても、300,000〔km/s〕×2/1,000,000〔s〕=0.6〔km〕しか飛べません。地上までは届かないはずです。でも、ミューオンは地上でちゃんと観測されるのです。これはミューオンの寿命が相対性理論によりのびているために他なりません。これは地上の実験室でも光速度に近いミューオンで確認されています。

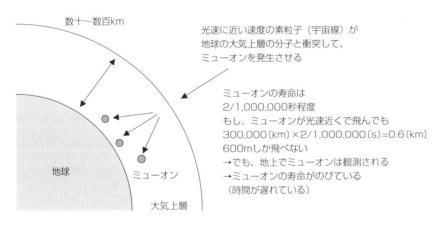

◆ 図3.3　ミューオンの寿命

　また、長さが縮むという考え方をミューオンについてあてはめてみましょう。
　上記の話で、ミューオンの時間が遅れる（寿命がのびる）ので、ミューオンが地上でも観測されることがわかりました。
　でも、光速度に近い速度で運動するミューオンから見ると、自分の寿命はのびるのではなく100万分の2秒のままですが、これから突入する地上までの距離が図3.4のよう

に縮むのです。ですから、進む距離が短くなるので、短い寿命でもミューオンは地上に到達できるのです。数十 km が 0.6km に縮めば、到達できますね。

これは、地上から見たミューオンの時間が遅れないというのではありません。地上に落ちてくるミューオンから見ると地上までの距離が縮むということで、見る立場が違うことを言っています。

このように相対性理論によると、時間だけでなく空間も一緒に変化します。

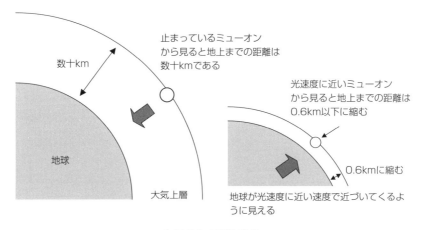

◆ 図 3.4　距離も縮む

動いているときの質量

運動する場合の質量を考えるときには、ローレンツ変換と運動方程式を考えます。相対性理論以前の場合をおさらいします。

相対性理論以前には、運動を考える場合は、次のガリレイ変換と、ニュートンの運動方程式で十分であると思われていました。

■ガリレイ変換：速度 v で移動する座標系間の変換

$$x' = x - vt$$
$$t' = t$$

第 3 章　速く動くと短くなって重くなる？

■ニュートンの運動方程式

$$f = ma = m\frac{d^2x}{dt^2}$$

ここで、m は質量、a は加速度で、$a = \dfrac{d^2x}{dt^2}$ です。

さて、相対性理論以前には、ガリレイの相対性原理から、運動している状況でも、静止している状況でも、物理法則は同じに観測されることになります。

つまり、エレベーターホールで、ボールを放り投げても、一定の速度で移動中のエレベーターの中でボールを放り投げても、ボールは同じように上下に運動して、また手に戻ってきます。

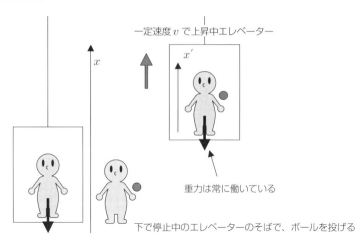

◆ 図3.5　一定速度で運動しているエレベーター

これを、上の運動方程式で見ると、x と x' をエレベーターの運動方向にとると、エレベーターの中で x' 方向に運動するボールの速度は

$$\frac{dx'}{dt'}$$

です。

ここで、ガリレイ変換 $x' = x - vt$ を代入すると

$$\frac{dx'}{dt'} = \frac{d}{dt'}(x - vt) = \frac{dx}{dt'} - v\frac{dt}{dt'} = \frac{dx}{dt} - v$$

となります。

ここで $dt' = dt$ より $\frac{dt'}{dt} = 1$ の関係を使いました。

再度、微分して、

$$\frac{d^2 x'}{dt'^2} = \frac{d}{dt}\left(\frac{dx}{dt} - v\right) = \frac{d^2 x}{dt^2}$$ となります。

ここで、ボールにかかる力は重力のみなので、重力を g とすると

$$g = f = ma = m\frac{d^2 x}{dt^2}$$

ここで、a' を一定速度で運動しているエレベーター内での加速度、f' を力とすると

$$m\frac{d^2 x}{dt^2} = m\frac{d^2 x'}{dt'^2} = ma' = f' = g$$

となり、運動方程式の形は変わりません。

このように運動方程式の形が変わらないことが物理法則が同じになるということになります。

さて、上記のことをローレンツ変換で考えます。

■ローレンツ変換

$$x' = \frac{x - vt}{\sqrt{1 - \left(\frac{v}{c}\right)^2}}$$

$$t' = \frac{t - \frac{v}{c^2}x}{\sqrt{1 - \left(\frac{v}{c}\right)^2}}$$

ローレンツ変換は、時間 t と空間 x が、入り交じった形になっています。

そこで、ct という形で、単位の次元を合わせて（c〔m/s〕× t〔s〕）= ct〔m〕）、4つを同等の変数とする組み合わせを考えます。

(ct、x、y、z) ⟷ (ct'、x'、y'、z')：ローレンツ変換によりお互い変換される

このことが、時間と空間が一緒に変換されるということです。

この考えで、運動方程式をローレンツ変換しても、形が変わらないように拡張すると、ニュートン力学では、定数と考えられてきた「質量」も

$$m = \frac{m_0}{\sqrt{1-\left(\frac{v}{c}\right)^2}}$$

のようにローレンツ変換に似た形で表現されることがわかっています。

ここで、m_0 は、「静止質量」と呼ばれるもので、静止している座標系（$v=0$）で測った質量です。

エネルギーと質量の関係

同じようにローレンツ変換に合った形での、エネルギーについて考えると、

$$E = \frac{m_0 c^2}{\sqrt{1-\left(\frac{v}{c}\right)^2}}$$

という形で表現されます。ここで先ほどの

$$m = \frac{m_0}{\sqrt{1-\left(\frac{v}{c}\right)^2}}$$

の関係を使うと、有名な $E = mc^2$ というエネルギーと質量の関係が導かれます。

さて、$|x| \ll 1$ の場合、$(1+x)^\alpha \cong 1 + \alpha x$ という近似式を、$\frac{v}{c} \ll 1$ の条件（速度 v が光速度に比べて十分小さい）で使うと、

$$E = \frac{m_0 c^2}{\sqrt{1-\left(\frac{v}{c}\right)^2}} = m_0 c^2 \left[1-\left(\frac{v}{c}\right)^2\right]^{\frac{1}{2}} \cong m_0 c^2 \left[1+\frac{1}{2}\left(\frac{v}{c}\right)^2\right] = m_0 c^2 + \frac{1}{2} m_0 v^2$$

となります。

　これは、ニュートン力学での状況を表していて、$\frac{1}{2}m_0v^2$ は、運動エネルギーに相当します。そして、m_0c^2 が静止エネルギーと呼ばれるものです。
つまり、物質は、静止していても、これだけのエネルギーの塊だということです。

光は質量ゼロ？

動いているときの質量を表す式

$$m = \frac{m_0}{\sqrt{1-\left(\frac{v}{c}\right)^2}}$$

で、速度 v が光速度 c になると（$v = c$）、分母が 0 になり質量が無限大になってしまうので、質量を持つ物体は、光速度まで加速できないということがわかります。

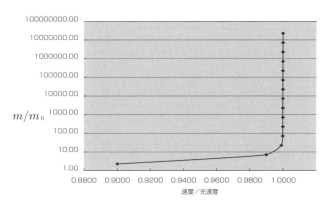

◆ 図 3.6　質量と速度の関係

　では、光速度で進む光はどうなるかと言うと、上記の静止質量 m_0 が「0」であると考えます。
　逆に静止質量がゼロである光は、光速度以下では、進めないことになります。
　真空中の光は常に光速度で進んでいます。

CHAPTER 04

第4章

一般相対性理論って どんなもの？

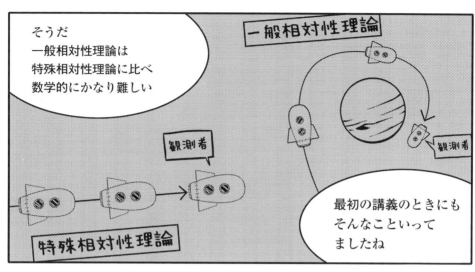

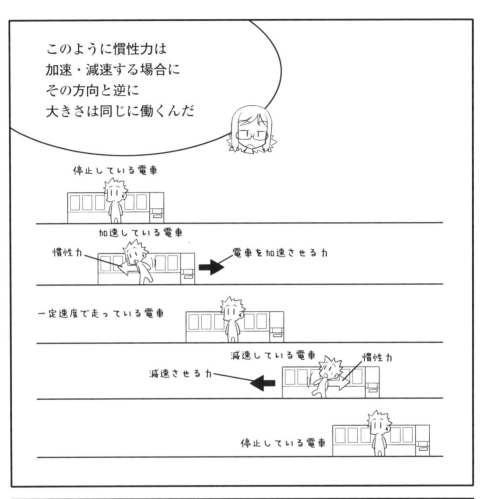

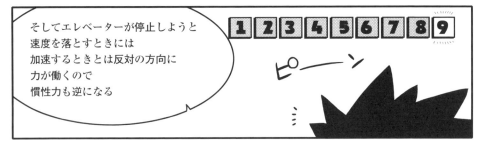

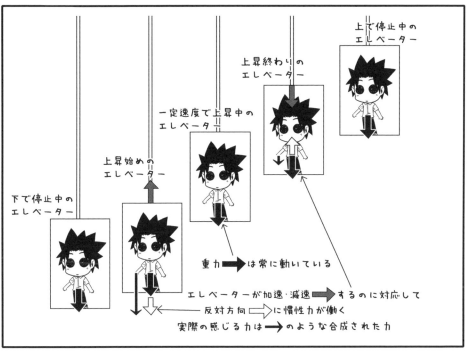

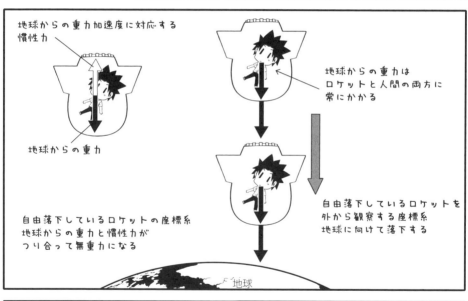

2. 重力によって曲がる光

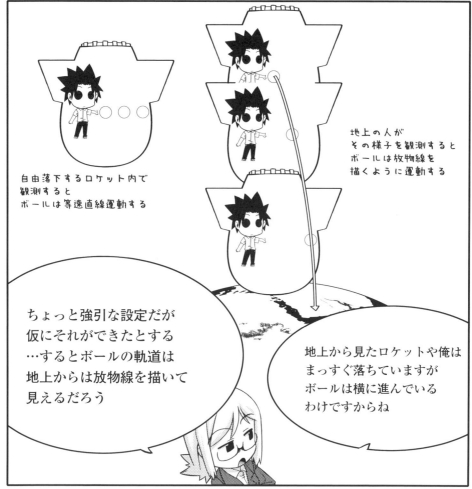

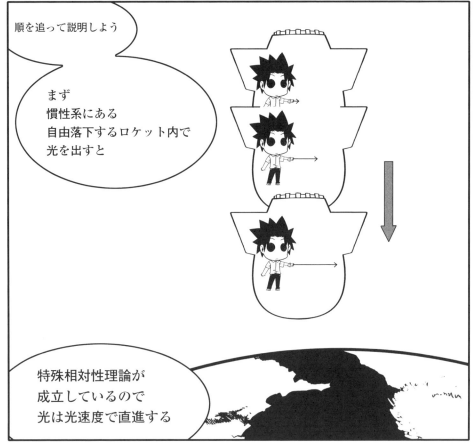

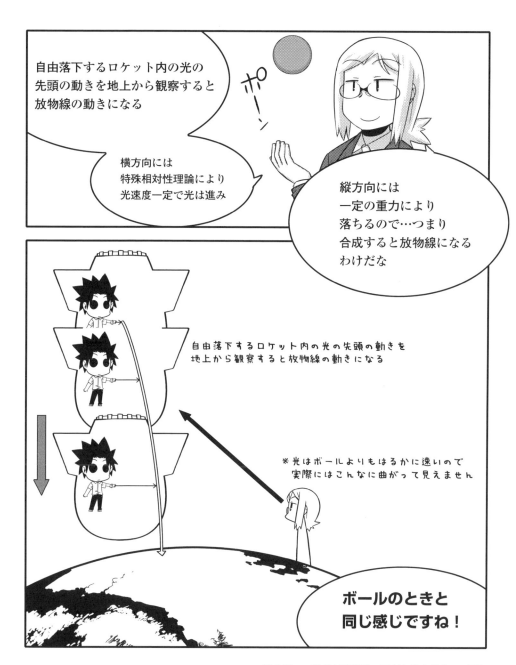

自由落下しているロケット内で光は慣性系で時空の最短距離つまりまっすぐ進む

そして地上から自由落下しているロケット内を観測すると…光が曲がり

いかにも遠回りして最短距離を進んでいないように見える

ロケット内から観測した場合と地上から観測した場合とで光の進み方が違って見えるということですか

そうだ…が

一般相対性理論だと光が時空の最短距離を進むという物理現象は

観察する立場で異なるはずはないとしている

ガーン

矛盾してるじゃないっすか!?

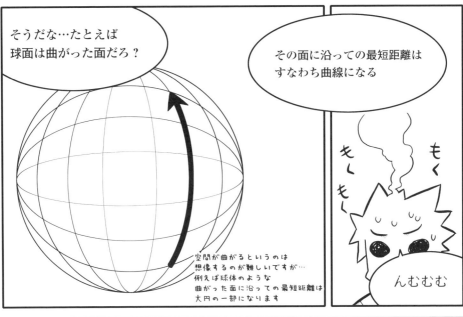

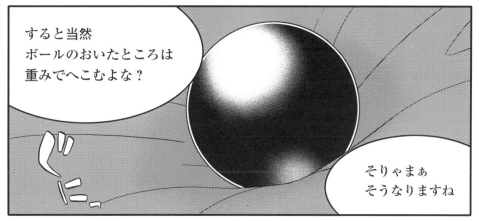

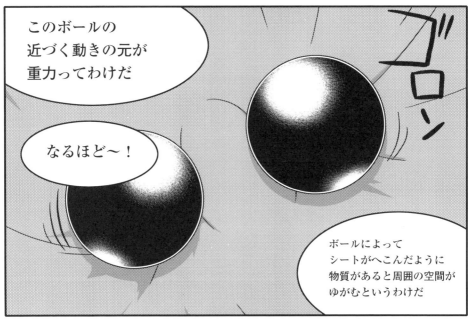

3. 重力によって遅れる時間

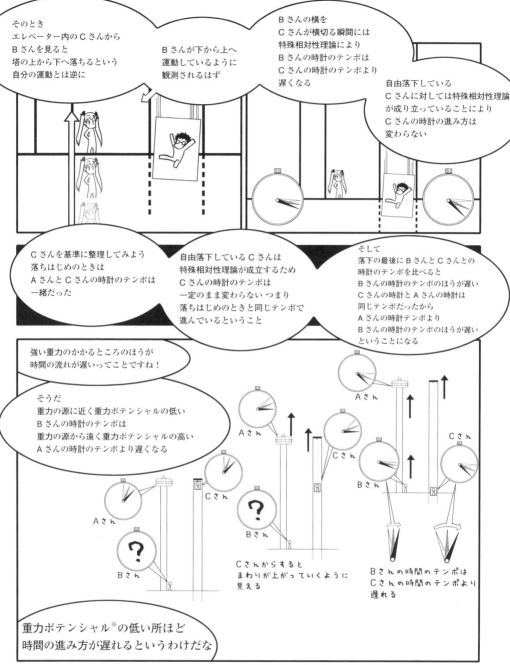

4. 相対性理論と宇宙

物質に対して
単に容れ物として
考えていた時間と空間

つまり時空と
いうものが

物質と一緒に
考えなければならない
相互作用の関係にあることを
明らかにしたんだな

理屈は理解できても
やっぱり不思議ですよね〜

この考えは我々の周りの空間
つまり宇宙の捉え方にも
大きな影響を与えた

…というよりも
現代の宇宙論は
一般相対性理論なしでは
成り立たないんだ

へぇ〜！

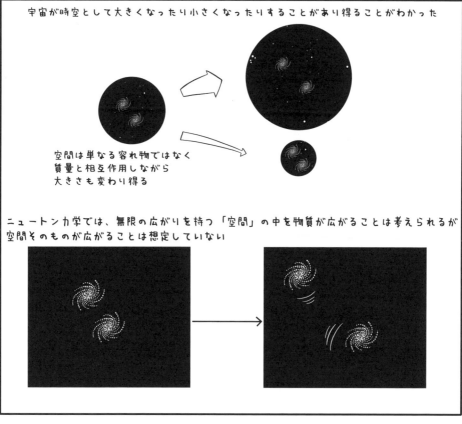

第4章 一般相対性理論ってどんなもの？

ハッブルによって宇宙が膨張していることがはっきりわかり…

そこから『宇宙のはじまりはビッグバンと呼ばれる1点からの大爆発からはじまった』という

ビッグバン宇宙論が誕生したんだ

ハッブルにより宇宙は膨張していることが観測される
宇宙の中の銀河間の距離が広がっていることを観測した

 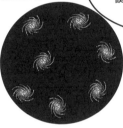

上記の観測から
宇宙の始まりは1点からの大爆発（ビッグバン）から始まったという
ビッグバン宇宙論が誕生する

名前聞いたことあります！ビッグバン…！

なんかこうみなぎる単語ですよね！

お子様かお前は

BRA-KOOM

一般相対性理論での時間の遅れ

　一般相対性理論での「時間の遅れ」をマンガでの説明をもとに、少し式を使いながら、見てみます。

　マンガと同様に図4.1のような高い塔の上にAさん、塔の下にBさん、そして、塔の横のエレベーター内にCさんがいるとします。

　3人は各々、同じ時計をもっているとします。ただ、重力により、時空がゆがむので、それぞれの時刻および時間の進み方が合っているかはわかりません。

　そこで、以下の3つの条件で重力による時間の進み方を調べます。

■**自由落下中のエレベーターでは無重力である**
■**その中では特殊相対性理論が成り立つので、エレベーターの中の時計は一定の時間間隔で進む**
■**塔の上にAさんと塔の下のBさんの時計はそれぞれ異なる一定の時間間隔で進む**

　そして、以下の手順で重力による時間の進み方を調べます。

1. 落下のはじめにAさんとエレベーター内のCさんの時計の進み方を合わせる
2. 落下の最後にBさんとエレベーター内のCさんの時計の進み方を比べる

　最初、AさんとCさんは同じ高さにいるので、同じ重力を受けています。
　その場所での高さ方向をzとして、重力ポテンシャルをϕ_1とします。
　重力ポテンシャルとは、ポテンシャルエネルギー（位置エネルギー）を物体の質量で割ったものです。たとえば、地球表面近くの重力のポテンシャルエネルギーはmgh、重力ポテンシャルはghとなります。
　そこで、AさんとCさんの時刻と時間の進み方を合わせます。
　Aさんの場所での時間の進み方をΔT_1とし、Bさんの場所での時間の進み方をΔT_2とします。

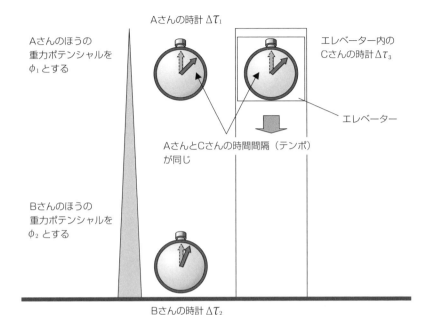

◆図 4.1　落下のはじめに A さんとエレベーター内の C さんの時計の進み方を合わせる

　次にエレベーターを吊るしているひもが切れて、エレベーターが自由落下をはじめるとします。切れた直後は，落下速度（C さんから見て A さんが上に飛んでいく速さ）は $v = 0$ だから，A さんと C さんの時計のテンポは同じです。

$$\Delta T_1 = \Delta T_3 \tag{1}$$

　エレベーターは重力に引かれて、だんだん速度を増して行きます。

　そして、エレベーターは B さんの横をある速度（v）で通過します。

　そのとき、エレベーター内の C さんから B さんを見ると、周囲から見た自分の運動（塔の上から下へ落ちる）とは逆に、B さんが下から上へ運動しているように観測されるはずです。

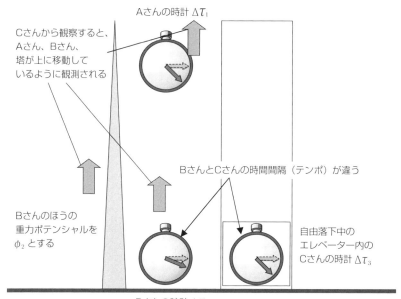

◆図4.2 落下の最後にBさんとエレベーター内のCさんの時計の進み方を比べる

Bさんの横をCさんが横切る瞬間には、特殊相対性理論により、

$$\Delta\tau_2 = \Delta\tau_3 \sqrt{1-\left(\frac{v}{c}\right)^2} \tag{2}$$

(1) と (2) より、$\Delta\tau_3$ を消去して

$$\frac{\Delta\tau_2}{\Delta\tau_1} = \sqrt{1-\left(\frac{v}{c}\right)^2} < 1 \tag{3}$$

となり、Bさんの時計の進み方は、Cさんの時計の進み方より遅くなります。

そして、落ちはじめるときにAさんとCさんの時刻と時間の進み方を合わせたこと、自由落下しているCさんに対しては特殊相対性理論が成り立っていることにより、Cさんの時計の進み方は変わらない（つまり重力の影響を受けずにA地点にいたときと同一のテンポで進んでいる）ことを考え合わせると、重力ポテンシャルの低い（重力の

源に近いϕ_2）Bさんの時計の進み方は、重力ポテンシャルの高い（重力の源から遠いϕ_1）Aさんの時計の進み方より遅くなることになります。

つまり、重力ポテンシャルの低い所ほど時間の進み方が遅れるのです。

ここで、速度vが小さいとすると、ニュートン力学が使えます（$x = \dfrac{v}{c}$とすると、$x \ll 1$ということです）。

そこで、Aさんの場所での重力ポテンシャルをϕ_1、Bさんの場所での重力ポテンシャルをϕ_2としたとき、

$$\phi_1 > \phi_2$$

です。
ニュートン力学の「運動エネルギー保存則」より

$$(\phi_1 - \phi_2)m = \frac{1}{2}mv^2 \text{ なので}$$

$$\phi_1 - \phi_2 = \frac{1}{2}v^2 \tag{4}$$

です。
ここで$x \ll 1$の場合、$(1+x)^\alpha \approx 1 + \alpha x$という近似式を使います。

さて、$x = \dfrac{v}{c}$で、$x \ll 1$でしたから、

$$\sqrt{1 - \left(\frac{v}{c}\right)^2} = (1 - x^2)^{\frac{1}{2}} \approx 1 - \frac{1}{2}x^2 = 1 - \frac{1}{2}\left(\frac{v}{c}\right)^2$$

となります。これを (3) 式に適用すると、

$$\frac{\Delta \tau_2}{\Delta \tau_1} = \sqrt{1 - \left(\frac{v}{c}\right)^2} \approx 1 - \frac{1}{2}\left(\frac{v}{c}\right)^2 \tag{5}$$

です。ここで、(4) 式より

$$\frac{1}{2}v^2 = \phi_1 - \phi_2$$

を (5) 式に代入すると

$$\frac{\Delta\tau_2}{\Delta\tau_1} \approx 1 - \frac{1}{2}\left(\frac{v}{c}\right)^2 = 1 - \frac{\phi_1 - \phi_2}{c^2} \tag{6}$$

また、上式を少し変形して

$$\frac{\phi_1 - \phi_2}{c^2} \approx 1 - \frac{\Delta\tau_2}{\Delta\tau_1} = \frac{\Delta\tau_1 - \Delta\tau_2}{\Delta\tau_1} \text{ なので、}$$

$$\frac{\Delta\tau_1 - \Delta\tau_2}{\Delta\tau_1} \approx \frac{\phi_1 - \phi_2}{c^2} \tag{7}$$

となります。

つまり、重力ポテンシャルと時間の遅れの関係は、(7) 式のようになります。

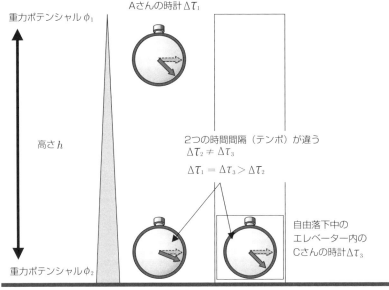

◆図 4.3 地上での比較的重力が弱い状況

図 4.3 のように、地上での比較的重力が弱い状況で考えます。

$\phi_2 = 0$ とすると、ϕ_1 までの高さは h になり、地上付近での重力加速度を g とすると、

$\phi_1 = gh$ と $\phi_2 = 0$ を (7) 式に代入して

$$\frac{\Delta \tau_1 - \Delta \tau_2}{\Delta \tau_1} \approx \frac{\phi_1 - \phi_2}{c^2} = \frac{gh - 0}{c^2} = \frac{gh}{c^2}$$

となります。

つまり、上の式のように、高いところの時計が少し進みます。

一般相対性理論での重力の正体

マンガで説明したように、質量があるとまわりの時空がゆがみます。その結果、時空がゆがんだことにより、まわりの質量を引きつける、重力と同じ効果があることがわかりました。

そのことをアインシュタインは、「アインシュタインの重力方程式」という数式にまとめました。

アインシュタインの重力方程式は、それまで物体の運動を測るための枠組みとして存在していると思われた時間や空間（時空）が、物体自身と深く結びついていることを示したのです。

一般相対性理論から導かれる現象

一般相対性理論から導かれる現象として、次のものを紹介します。

●重力レンズ効果
●水星の近日点移動
●ブラックホール

第4章 一般相対性理論ってどんなもの？

■**大質量(たとえば太陽)近くでの光の曲がり(重力レンズ効果)**

　重力レンズ効果とは、太陽のそばを光が通り過ぎるときに、光の進路が曲がるという現象です。

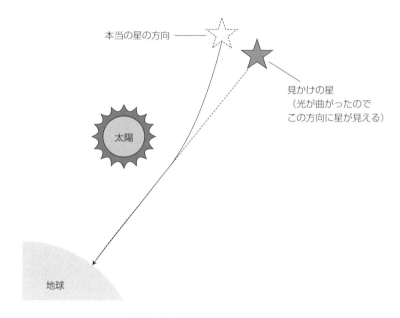

◆図 4.4　大質量近くでの光の曲がり

　図 4.4 のように、太陽の周辺では、太陽の大きな質量のために空間が曲がります。その曲がりに沿って光が進むので、遠い星からの光が曲がり、星の方向が少しずれて観察されます。これは皆既日食で確認されています。一般相対性理論の初めての検証として有名です。

　また、図 4.5 のように、遠い銀河などから光がくる場合、途中に大質量の物体(銀河など)があると、それが遠い銀河などからの光を曲げて、あたかも途中に集光レンズがあるかのように、遠くの銀河などがゆがんでたくさんあるように見えることもあります。

　これを「重力レンズ効果」と呼んでいます。

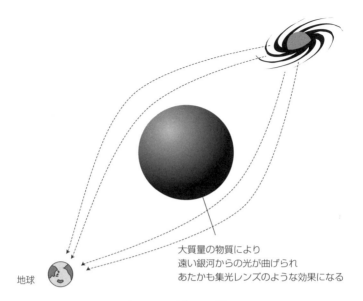

◆図 4.5　重力レンズ効果

■**水星の近日点移動**

　近日点とは、図 4.6 のように、惑星の軌道の中で、太陽（日）に一番近い点のことです。水星の近日点が移動することは、昔から知られていました。その移動量は 100 年で角度にして約 574 秒だけ回転するものです。なお，ここでの「秒」は、時間の単位ではなくて角度の単位です。1 度の 1/60 が 1 分で、その 1/60 が 1 秒です。つまり 1 秒というのは、1/3,600 度です。100 年で角度にして約 574 秒だけ回転するとは、100 年でわずか 0.16 度くらいのズレということです。

　そこでニュートン力学を使って、他の惑星の重力の影響など、その原因を色々調べられてきたのですが、どうしても 43 秒分を説明できませんでした。

　しかし、一般相対性理論を使い、太陽による時空のゆがみを計算して、水星の近日点の移動量を調べると、ちょうど 43 秒分ずれることがわかりました。

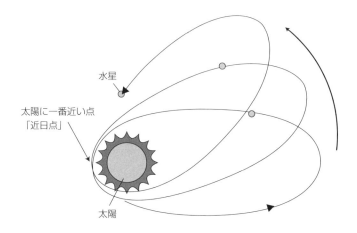

◆図 4.6　水星の近日点移動の大袈裟な図

■ブラック・ホール

　ブラック・ホールとは、質量が非常に集中して重力が強くなり、光さえも外へ出られなくなるような状態を言います。

　太陽の数倍の質量の星は、その一生の最後に超新星爆発を起こします。

　そのとき、中心に質量が非常に集中し、重力が強くなる領域ができます。

　そこでは、重力があまりに強いので、光さえ、外へ出られなくなる場合があります。それがブラック・ホールです。光が脱出できないのですから、ブラック・ホールを直接、観察することはできません。

　しかし、ブラック・ホールの周りに他の星があると、その星からガスがブラック・ホールに流れ込み、降着円盤ができます。そしてその降着円盤からブラック・ホールにガスが落込むときにX線やガンマ線が放射されることがわかりました。

　そしてついに 1971 年に白鳥座にブラック・ホールの候補が発見されました。

　今では、銀河系の中心にも超巨大ブラック・ホールがあるのではないか、と言われています。

GPS と相対性理論

　GPS（Global Positioning System）は、地球を回る 24 機の人工衛星を使い、位置を決定します。

　その位置の決め方ですが、ある衛星が電波の発信時刻を含んだ信号を地上に向けて発信します。その信号を地上の受信機（たとえばカーナビ）が、受信します。

　そのとき、信号の電波は光速（約 300,000,000m/s）で受信機に届きます。

　そして、受信したときの時刻と発信時刻を比べて、その時間差に光速をかけると、衛星までの距離がわかります。つまり、衛星と受信機との距離が 20,000km 離れているとすると、20,000,000/300,000,000 = 0.067 秒で受信機に電波が届きます。その計算を 3 つの衛星からの電波を使って行い、地上の位置を正確に決定します。

　しかし、その時間差に誤差があると、衛星と受信機との距離にも誤差が生じます。たとえば衛星の発信時刻が、1 マイクロ〈$\mu = 10^{-6}$〉秒ずれると、

　300,000,000〔m/s〕× 0.000001〔s〕=300〔m〕のように 300m も距離がずれます。

　さて GPS 衛星は、地球の周りを、高度 20,000km の軌道を約 12 時間で 1 周するほど高速で周回しています。

　そのために、高速で移動することにより特殊相対性理論の効果から、1 日あたり 7.1 マイクロ秒だけ、時間が遅れます。

　しかし、地表より高い場所にあるので、(7) 式に表される一般相対性理論の効果により、地表の時間よりも、1 日あたり 46.3 マイクロ秒だけ、時間が速く進みます。

　結果として、1 日あたり 39.2 マイクロ秒だけ時間を遅らせて GPS から時刻を発信するようになっています。このように、GPS は、特殊と一般の 2 つの相対性理論の効果を非常に精密に考慮して設計されています。

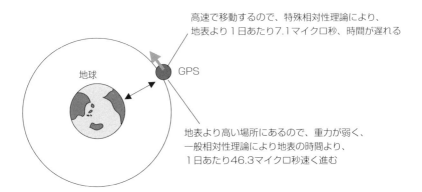

◆図 4.7　GPS

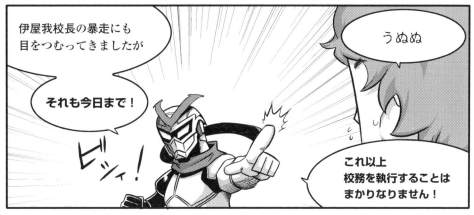

索引

英

GPS ……………………………………… 169

ア

アインシュタイン………………………… 34
宇宙論……………………………………… 151
ウラシマ効果……………………………… 56
運動の3法則……………………………… 22
エーテル………………………………… 26,27
エーテルの風……………………………… 31
エネルギーと質量の関係………………… 114
エネルギー保存の法則…………………… 99
遠心力………………………………… 129,131
重さ………………………………………… 96

カ

ガリレイの相対性原理……… 17,19,33,48,49
ガリレイ変換……………………………… 48
慣性系………………………………… 18,138
慣性の法則………………………………… 18

慣性力 ……………………………… 122,123,124
空間………………………………………… 37
光速…………………………………… 22,23
光速度一定の原理…………………… 36,44

サ

最短距離…………………………………… 142
座標系……………………………………… 28
時間………………………………………… 37
時間の遅れ………………………………… 160
時空………………………………………… 37
質量………………………………………… 96
質量保存の法則…………………………… 99
自由落下……………………… 134,136,138,139
重力…………………………………… 122,126,144
重力ポテンシャル………………………… 163
重力レンズ効果…………………………… 166
絶対静止空間……………………………… 26
速度の加算………………………………… 50

178

タ

対消滅現象……………………………………… 105

電磁波…………………………………………… 25

等価原理………………………………… 122,133

同時性の不一致………………………………… 44

特殊相対性原理…………………………… 34,49

ナ

長さの縮み……………………………………… 92

ニュートンの運動方程式……………………… 97

ニュートン力学…………………………… 17,22

ハ

ハッブル………………………………………… 152

速さ……………………………………………… 37

光時計…………………………………………… 60

ハ

ビッグバン……………………………………… 154

双子のパラドックス…………………………… 69

ブラック・ホール……………………………… 168

フリードマン…………………………………… 152

マ

マイケルソン…………………………………… 32

マクスウェル…………………………………… 24

マクスウェル方程式…………………………… 24

無重力…………………………………… 131,134,147

モーレー………………………………………… 32

ラ

ローレンツ収縮………………………………… 108

ローレンツ変換………………………………… 49

<監修者略歴>
新田　英雄（にった ひでお）
1987 年　早稲田大学大学院理工学研究科博士課程修了
専　攻　理論物理学，物理教育
現　在　東京学芸大学教育学部教授　理学博士
<主な著書>
『物理と特殊関数 - 入門セミナー』（共立出版）
『Excel で学ぶ電磁気学』（共著、オーム社）
『Excel で学ぶ量子力学』（共著、オーム社）
『マンガでわかる物理　力学編』（オーム社）
『マンガでわかる物理　光・音・波 編』（オーム社）

<著者略歴>
山本　将史（やまもと まさふみ）
1984 年　北海道大学大学院工学研究科応用物理学専攻修了
現　在　有限会社ヤーバ　代表取締役
<主な著書>
『Excel で学ぶ基礎物理学』（共著、オーム社）
『Excel で学ぶ電磁気学』（共著、オーム社）
『らくらく図解　光とレーザー』（共著、オーム社）
『Excel で学ぶ物理シミュレーション入門』（オーム社）

●マンガ制作　株式会社トレンド・プロ　TREND-PRO
　　　　　　　マンガに関わるあらゆる制作物の企画・制作・編集を行う、1988 年創業のプロダクション。日本最大級の実績を誇る。
　　　　　　　http://www.ad-manga.com/
　　　　　　　東京都港区新橋2-12-5　池伝ビル3F
　　　　　　　TEL: 03-3519-6769　FAX: 03-3519-6110

●シナリオ　re_akino
●作　　画　高津　ケイタ
●Ｄ Ｔ Ｐ　マッキーソフト株式会社

本書は、2009年6月発行の『マンガでわかる相対性理論』を、判型を変えて出版するものです。

- 本書の内容に関する質問は、オーム社書籍編集局「(書名を明記)」係宛に、書状またはFAX(03-3293-2824)、E-mail(shoseki@ohmsha.co.jp)にてお願いします。お受けできる質問は本書で紹介した内容に限らせていただきます。なお、電話での質問にはお答えできませんので、あらかじめご了承ください。
- 万一、落丁・乱丁の場合は、送料当社負担でお取替えいたします。当社販売課宛にお送りください。
- 本書の一部の複写複製を希望される場合は、本書扉裏を参照してください。

JCOPY <(社)出版者著作権管理機構 委託出版物>

ぷち マンガでわかる相対性理論

平成28年5月20日　第1版第1刷発行

監 修 者　新田英雄
著　　者　山本将史
作　　画　高津ケイタ
制　　作　トレンド・プロ
発 行 者　村上和夫
発 行 所　株式会社 オーム社
　　　　　郵便番号　101-8460
　　　　　東京都千代田区神田錦町3-1
　　　　　電話　03(3233)0641(代表)
　　　　　URL　http://www.ohmsha.co.jp/

© 新田英雄・山本将史・トレンド・プロ 2016

印刷・製本　壮光舎印刷
ISBN978-4-274-21903-0　Printed in Japan

オーム社の マンガでわかる シリーズ

マンガでわかる 統計学
- 高橋　信 著
- トレンド・プロ マンガ制作
- B5 変判／224 頁
- 定価：2,000 円＋税

マンガでわかる
統計学[回帰分析編]
- 高橋　信 著
- 井上　いろは 作画
- トレンド・プロ 制作
- B5 変判／224 頁
- 定価：2,200 円＋税

本家
「マンガでわかる」
シリーズもよろしく！

マンガでわかる
統計学[因子分析編]
- 高橋　信 著
- 井上いろは 作画
- トレンド・プロ 制作
- B5 変判／248 頁
- 定価　2,200 円＋税

マンガでわかる
物理［光・音・波編］
- 新田 英雄 著
- 深森 あき 作画
- トレンド・プロ 制作
- B5 変判／240 頁
- 定価　2,000 円＋税

マンガでわかる
電気数学
- 田中 賢一 著
- 松下 マイ 作画
- オフィス sawa 制作
- B5 変判／268 頁
- 定価　2,200 円＋税

マンガでわかる
電　気
- 藤瀧 和弘 著
- マツダ 作画
- トレンド・プロ 制作
- B5 変判／224 頁
- 定価　1,900 円＋税

ホームページ　**http://www.ohmsha.co.jp/**　　TEL／FAX　TEL.03-3233-0643　FAX.03-3233-3440

**マンガでわかる
プロジェクトマネジメント**
- 広兼 修 著
- さぬきやん 作画
- トレンド・プロ 制作
- B5変判／208頁
- 定価　2,200円＋税

**マンガでわかる
生化学**
- 武村政春 著
- 菊野　郎 作画
- オフィスsawa 制作
- B5変判／264頁
- 定価　2,200円＋税

**マンガでわかる
電子回路**
- 田中賢一 著
- 高山ヤマ 作画
- トレンド・プロ 制作
- B5変判／186頁
- 定価　2,000円＋税

 http://www.ohmsha.co.jp/ 　　TEL／FAX　TEL.03-3233-0643　FAX.03-3233-3440

オーム社の **マンガでわかる** シリーズ

マンガでわかる
基礎生理学
- 田中越郎 監修
- こやまけいこ 作画
- ビーコム 制作
- B5 判／232 頁
- 定価　2,400 円＋税

マンガでわかる
測　量
- 栗原哲彦／佐藤安雄 共著
- 吉野はるか 作画
- ジーグレイプ 制作
- B5 変判／256 頁
- 定価　2,400 円＋税

マンガでわかる
ディジタル回路
- 天野英晴 著
- 目黒広治 作画
- オフィス sawa 制作
- B5 変判／224 頁
- 定価　2,000 円＋税

まだまだ他にも
あるよ！詳しくは
オーム社HPで！

Memo